JN094854

# いちばんやさしい
# インド数学
# 暗算
## 入門

著 佐藤 弘文

永岡書店

　インド式計算法の書籍は現在、多数出版されています。計算力のアップは、仕事の面でも学習の面でも求められていて、多くの人の関心の高いスキルのひとつです。2けたや3けたのかけ算なども、暗算で答えを求めることができるインド式計算法が注目されるのも理解できます。

　ほかにも、理由を見つけることができます。日本人は昔から、算数や数学への関心が高かったと言われています。江戸時代には、庶民が趣味として数学を楽しんでいたとか、数学書『塵劫記』が大ベストセラーになったという話もあります。いままた、健脳とか、脳活とかの言葉が氾濫し、脳トレーニングがブームとなるのもわかるような気がします。

　ともあれ、インド式計算法が注目されるのも、実務面でのスキルの強化だけではない目的があるようです。思いがけない解答手順で答えを導き出すインド式計算法の不思議に触れたい、「なぜ、そうなるの？」という疑問に解答を得たい、とい

3

う欲求があるのではないでしょうか。

　本書では、そのインド式計算法の「かんたんさ」を伝えるだけではなく、その不思議に「なるほど」という理解が視覚的に得られるように、図解の《考え方》を多く掲載し、解説しました。インド式計算法の不思議に触れ、さらに、その意味を理解できるように工夫してあります。各項目の最後には、かんたんな練習問題も載せてあります。ご自分でインド式計算法で挑戦してみてください。

　文化が異なれば計算法も異なる―異文化計算法を楽しみながら読んでいただければ幸いです。


著者記す


（注意）　本書で紹介する計算法は、日本の学校で習う計算法とは異なっています。授業や試験で解答手順を示す必要がある場合は使わないでください。

## 本書の使い方

◆前提となる算数・数学知識

　本書では、とくに難しい用語は使用していません。小学校や中学校で聞き覚えた数学の用語を思い出していただけば読み進むことができます。

◆一般的な用語と算数・数学用語

　多くの計算式は、かんたんなものばかりです。注意していただきたいのは、（　）を使った計算式ぐらいです。（　）があったら、（　）の中を先に計算する、ということを思い出してください。

◆《考え方》と《解説》

　《考え方》には主に、インド式計算法の手順を細かく示してあります。それに合わせて《解説》で説明も付けました。「Point」と合わせて読んでください。

◆《問題①②》と《解答・解説》

　《問題①②》には巻末に「解答・解説」をつけました。インド式計算法の理解度を高めることができます。また、一部には本文では触れていないポイントなども説明してあります。

# ❀❀❀❀❀❀❀○目 次○❀❀❀❀❀❀❀

## 第1章

# インド式計算
# の基礎

11

第1章は，インド式計算法の基本的な内容の紹介です。

　最初はまず，計算をよりかんたんな形にするインド式計算法の基本にある"補数"の考え方を紹介します。

　また，インド式計算法の特徴である"左側からの計算"について，たし算とひき算を通して触れるように構成してあります。

## 1 「きり」のよい数
—補数を使う計算に慣れる

### 例題

# 69 + 47 = ?

● **端数があるとめんどくさい→「きり」のよい数にします。**

インド式計算法の基本に「『きり』のよい数にする」という考えがあります。

この考えに，**補数**が利用されています。

たとえば，「69 + 47」より，「70 + 50」のほうが計算がかんたんです。

インド人は，「69 + 47」の計算を「70 + 50」に置き換えて計算するのです。

69 と 70 の差の「1」を**補数**といいます。

47 も同様です。

補数「3」を加えて「50」にしています。

補数を使った計算では，結果と正しい答えとの間に差が出ますが，それもかんたんに処理します。

考え方

### 1 補数の基本

与えられた数をある一定の数からひき算した数のこと。

（例）　69 の補数は？

$$70 - 69 = 1$$

「70」を基準とすると，補数は「1」となる。

### 2 補数を使って，「きり」のよい数にする。

「69」という数が出てきたら，「70」をイメージして計算し，補数分の差をあとで処理する。

（例）　69 ＋ 47 の答えは？

$$70 + 47 = 117$$

$$117 - 1 = \mathbf{116} \cdots （答）$$

## 解説

### ① 補数の基本

「37」の補数を考えてみましょう。

10 とか 100 以外にもある「きり」のよい数を基準にします。

ここでは「40」を基準にして考えます。補数は「3」です。

### ② 補数を使って，「きり」のよい数にする

1 けたのたし算は暗算でもできます。

これと同じように，2 けたや 3 けたのたし算でも，20，300 のように，そのけたより下位の位が 0 であるときは，計算は楽です。

インド式計算では，このような計算しやすい数を利用して，計算をかんたんにしています。

### Point

インド式計算では，与えられた数（たされる数やたす数，ひかれる数やひく数など）と「きり」のよい数（基準にする数）との差を補数という。

補数は「＋」の数でも「－」の数でも良い。

## 問題 ①

つぎの数の「きり」のよい数(基準の数)と補数を答えよう。

① **39**　　② **76**

③ **28**　　④ **67**

⑤ **17**　　⑥ **58**

⑦ **49**　　⑧ **87**

⑨ **51**　　⑩ **62**

## 問題 ❷

つぎの数の「きり」のよい数(基準の数)と補数を答え
よう。

① **18**　　② **59**

③ **37**　　④ **69**

⑤ **71**　　⑥ **48**

⑦ **21**　　⑧ **83**

⑨ **61**　　⑩ **46**

## 2 インド式たし算①
―― 2けたのたし算

**58 + 43 = ?**

### ●インド式では，計算は左側から始めます。

たし算だけでなく，インド式計算では計算を1の位から始めるのではなく，上位の位，つまり左側にある数から行います。慣れないと，最初はちょっと戸惑いますが，くり上げがあまり気にならず，計算ミスを少なくしてくれます。

例題で，どんなふうに計算するのかを見てみましょう。かんたんな例ですが，「なるほど」とうなずけますよ。

58 + 43

考え方

### ステップ1 10の位をたす。

```
   ⑤8 ←たされる数
 + ④3 ←たす数
   9 0 ·················❶
```
（計算は5+4でも，位は10の位）

### ステップ2 1の位をたす。

```
   5⑧
 + 4③
   9 0
   1 1 ·················❷
```

### ステップ3 ❶と❷をたす。

```
   5 8
 + 4 3
   9 0
   1 1
   1 0
 +   1
   101 ·············(答)
```
（ステップ1～3をくり返す）

101

### 解 説

#### ステップ1 10の位をたす

2けたのたし算では、たされる数とたす数の10の位から計算を始めます。「5＋4」で、「9」となります。ここで注意です。いま行ったのは10の位の計算なので、ほんとうの答えは「90」です。

このあとのかけ算やわり算も同様ですが、「位」には十分に気をつけてください。日本式の筆算などでもそうですが、なくてもわかる「0」を省いて書くことがよくあります。結果として、数字を書く位置を間違えたりすることもあります。今回の「90」も「0」を書かなくてもいいですが、「9」を書く位の位置は間違えないでください。

#### ステップ2 1の位を計算する

8＋3で「11」です。1の位の計算ですから、90に位をあわせて下に書きます。

#### ステップ3 手順をくり返す

たし算は、それぞれの計算を並べて書くとき、位の重なりがなくなったり、くり上がりが出なくなったりすれば終わりです。

## 問題 ❶

次の計算をしよう。

① **36 + 87**　　② **76 + 46**

③ **21 + 83**　　④ **97 + 41**

⑤ **64 + 53**　　⑥ **49 + 78**

## 問題 ②

次の計算をしよう。

① $67 + 25$　　② $74 + 46$

③ $96 + 88$　　④ $36 + 27$

⑤ $55 + 69$　　⑥ $86 + 19$

# 3 インド式たし算②
## ——けた数の多いたし算

### 例題

# 326 + 875 = ?

● **手順がわかれば、暗算でできます。**

けた数の多いたし算では、日本でも筆算を用います。そして、くり上がりがあると、その数を小さな文字で式の近くに書いておいたり、口で反すうしながら必死に記憶しておこうとします。ここに間違いのもとがあるのですが、インド式では、そうした苦労は不要です。

例題の図解を見ると、ステップが多そうに思えますが、実際は記憶しやすい平易な手順になっています。慣れてくると、暗算でもできますよ。

考え方

326 + 875

**ステップ1** それぞれの位のたし算を
する。

```
  ❶❷❸
  ⎡3⎤⎡2⎤⎡6⎤
+ ⎣8⎦⎣7⎦⎣5⎦
 1 1 0 0 …❶ 100 の位のたし算
     9 0 …❷ 10 の位のたし算
     1 1 …❸ 1 の位のたし算
```

**ステップ2** ❶❷❸をたす。

```
    3 2 6
 +  8 7 5
  1 1 0 0
      9 0
      1 1
  1 0 0 0   （左からの計算の手順を
    1 0 0   くり返す）
    1 0 0
        1
  1 2 0 1 ……………(答)
```

1201

24

解説

ステップ1 **100 の位からたす**

　1けたのたし算でも、結果は2けたになることがあります。このとき、よく位を間違えます。現在の位から左側に書いていくんですね。結果が2けたになるということは、現在の数の位より上ということです。①の11は左の1000の位から書きます。

ステップ2 **手順をくり返す**

　それぞれの位の1けたのたし算をすると、さらにくり上がりが生じることがあります。その場合は、10の位の数を左隣の位に重ねて書いて再びたし算です。くり上がりがなくなれば、答えです。

ステップ3 **たし算の答え**

　たし算はそれぞれの計算を並べて書くとき、位の重なりがなくなったり、くり上がりが出なくなったりすれば、終わりです。

**Point**
インド式たし算はくり上がりが気にならない。

## 問題 ❶

次の計算をしよう。

① 275＋389　② 724＋555

③ 486＋634　④ 132＋786

⑤ 582＋873　⑥ 352＋698

## 問題 ❷

次の計算をしよう。

① **413＋198**　② **667＋954**

③ **596＋378**　④ **736＋579**

⑤ **515＋899**　⑥ **286＋975**

## 4 インド式ひき算①
—— 1000からひくひき算

### 例題

$$1000 - 628 = ?$$

● **ひき算は「9」と補数が活躍します。**

インド式計算法では、「補数」がよく使われます。また、「9」という数にも、他の数にない特徴があって、インド式計算法でよく登場します。

ここで紹介するひき算でも、「9」と補数が登場します。どんなふうに使われているか、気をつけて読んでください。

このあと、かけ算やわり算で出てくる補数の利用や「9」に注目した計算法を覚えるときにも役立ちますよ。

1000 − 628

考え方

### ステップ1 左から「たして9」になる数を見つける。

```
  1 0 0 0  ←ひかれる数
−   6 2 8  ←ひく数
    3 7 …たして「9」になる数
```

9 9 …たして「9」になる。

### ステップ2 1の位だけ、「たして10」になる数を見つける。

```
  1 0 0 0
−   6 2 8
    3 7 ❷ …たして「10」になる数
```

（たすと 1000 になる）

1 0 0 0

**372** ……………(答)

372

解説

インド式ひき算では、まず「9」に注目します。

### ステップ1 「たして9」になる数を見つける

　ひき算も左側から始めます。ただし、今回は、ひく数に1000の位がないので、100の位からになります。

　ひかれる数の100、10、1のそれぞれの位は「0」です。

　こんな場合は、それぞれの位で、「ひく数とたして9になる数」を探します。

　これが、答えの1の位を除く各位の数になります。100の位「3」、10の位「7」です。

### ステップ2 1の位の数に必要なのは補数

　1の位には、「たして10になる数」が入ります。つまり、10を基準の数にしたときの1の位の数の"補数"です。例題では「2」になります。

　10と100の位が「9」になるようにしているのは、下位の位にくり下がるのを待っているのです。

## 問題 ❶

次の計算をしよう。

① 1000−435　② 1000−289

③ 1000−731　④ 1000−164

⑤ 1000−623　⑥ 1000−508

## 問題 ❷

次の計算をしよう。

① 1000－759　② 1000－148

③ 1000－471　④ 1000－537

⑤ 1000－209　⑥ 1000－657

# インド式ひき算②
## ——?000 からひくひき算

5

例題

# $3000 - 534 = ?$

● **1000 の位に数が残ります。**

1000 から数をひくひき算では、1000 の位をあまり意識しないで説明しました。しかし、これから説明する「3000」から 3 けたの数をひく場合ではどうでしょうか。1000 の位の「3」がそのまま消えてしまっては困ります。

このひき算をとおして、各位の数の関係と補数について少し理解を深めていきます。

考え方

3000 − 534

### ステップ1 左から「たして9」になる数を見つける。

```
   3000
−   534
    46 …たして「9」になる数
```

### ステップ2 1の位だけ、「たして10」になる数を見つける。

```
   3000
−   534
    466 …たして「10」になる数
```

### ステップ3 1000の位の数を「1」減らす。

```
  ③000
−  534
   2466 ……………(答)
```

2466

**解説**

**ステップ 1、2** 「たして 9」と「たして 10」を見
つける

　1000 の位以外の各位の答えになる数の見つけ方
は、前の例題と同じです。

　1 の位以外は「たして 9 になる数」を、1 の位は
「たして 10 になる数」を探します。

　左ページの図解を見てください。

　見つかりましたか。答えの 1 の位から 100 の位
までは「466」です。

**ステップ 3** **1000 の位の数を 1 減らす**

　日本的な表現をすると、100 の位のひき算をす
るときに「0 からは 5 がひけないから、隣の 1000
の位から借りてきて……」となります。

　しかし、インド式計算では、
2000 ＋（1000 － 534）と考えます。

　（　）内は前の例題と同じ計算ですね。したがって、
2000 ＋ 466 となるわけです。

　たし合わせて、答え「2466」が求まります。

## 問題 ❶

次の計算をしよう。

① **4000−338**　　② **6000−481**

③ **3000−293**　　④ **2000−792**

⑤ **9000−547**　　⑥ **7000−684**

## 問題 ❷

次の計算をしよう。

① $5000-832$　　② $8000-468$

③ $7000-195$　　④ $9000-754$

⑤ $4000-369$　　⑥ $3000-228$

## 問題 ❸

次の計算をしよう。

① $2000-523$　　② $5000-147$

③ $8000-365$　　④ $7000-288$

⑤ $6000-473$　　⑥ $9000-652$

# 第2章

# メソッド豊富な
# インド式かけ算

インド式計算法の特徴的な多くの手法はかけ算にあります。第2章では、その特徴的な計算法を紹介するとともに、その計算法の秘密に大接近できるように解説しています。

　　また、章の後半では、図や線を用いたユニークな計算法も紹介しています。遊びとして楽しみながら覚えることもできます。

## 1 11から19段までの かけ算の驚き

例題

# 13 × 19 = ?

● **数の約束事は、いろいろなところに隠れて います。**

　11から19段までのかけ算に隠れている約束事を インド人は知っています。

　その約束事を使うと、「13×19」の計算もあっと いう間にできてしまいます。

　その約束事は、かけられる数とかける数のそれぞれ の位を分けてみると現れます。

考え方

13 × 19

**ステップ1** 一方の数に他方の数の1の位の数をたす。

**13** × 1**9**

13 + 9 = **22** ················· ❶

**ステップ2** かけられる数とかける数の1の位の数をかける。

1**3** × 1**9**

3 × 9 = **27** ················· ❷

**ステップ3** ❶の1の位と❷の10の位が重なるようにしてたす。

```
   2 2
+   2 7
   247
```
················· ❸

247

解説

## ① 一方の数に他方の数の1の位の数をたす

ここでは、かけられる数「13」にかける数「19」の1の位の「9」をたします。かけられる数とかける数の関係が逆でもかまいません。

## ② かけられる数とかける数の1の位の数をかける

かけられる数の1の位の数「3」とかける数の1の位の数「9」をかけます。結果は「27」となります。

## ③ ①と②で求めた数をたす

①と②で求めた数をたし合わせるときは、位をずらして行います。①で求めた数の1の位の数と②で求めた数の10の位が重なるように並べてたし合わせます。結果が「13×19」の答えとなります。「247」です。

**Point**

上のメソッドは、かけられる数とかける数が11から19までのルールである。

20以上の数になると、このメソッドは使えない。

## 問題 ①

次の計算をしよう。

① $11 \times 19$

② $12 \times 15$

③ $17 \times 13$

④ $18 \times 16$

⑤ $15 \times 13$

⑥ $19 \times 18$

次の計算をしよう。

① **15 × 18**

② **16 × 13**

③ **11 × 12**

④ **19 × 16**

⑤ **17 × 15**

⑥ **14 × 11**

## 2 67×63 をかんたん計算！

例題

**67 × 63 = ?**

● **10 の位が同じで、1 の位をたしたら 10 に
なるとき──10 の位と 1 の位を分けて考
えます。**

「67 × 63」を日本式で暗算しようとすると、筆算
を思い浮かべ、1 の位から順に計算を始め、くり上が
りを意識しつつ、上位の位の計算に入っていきます。
しかし、くり上がりをしっかり覚えていないと、誤算
の原因になります。

ところが、インド式では、10
の位は 10 の位、1 の位は 1 の位
と分けて計算します。くり上がり
を意識せずに計算できるので、暗
算でもかんたんに計算できます。

67 × 63

考え方

**ステップ1** **10 の位の計算**
かける数の 10 の位の数に 1 をたしてから、かけられる数とかける。

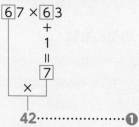

42 ····················❶

**ステップ2** **1 の位の計算**
そのままかける。

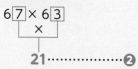

21 ··················❷

**ステップ3** ❶と❷で求めた数を並べる。

4221 ·······················❸

4221

解説

## 1 10の位の計算

　かける数の10の位の数(ここでは「6」)に1を加えてから(「7」になる)、かけられる数の10の位の数(ここでは「6」)にかけます。結果は、「42」です。この数は答えの1000の位と100の位になります。

## 2 1の位の計算

　1の位の数の計算は、そのままかけます。ここでは、かけられる数の1の位の数「7」とかける数の1の位の数「3」を直接かけます。結果は、「21」です。

　この数は、答えの10の位と1の位になります。

## 3 1と2で求めた数を並べる

　1で求めた数「42」と2で求めた数「21」を左から並べます。「4221」となります。これが、67×63の答えになります。

Point
　上の方法は、10の位が同じで、互いの1の位をたして、「10」になるときのルールである。

　それ以外の場合、この方法は使えない。

## 問題 ❶

次の計算をしよう。

① 44 × 46

② 73 × 77

③ 36 × 34

④ 28 × 22

⑤ 81 × 89

⑥ 92 × 98

## 問題 ②

次の計算をしよう。

① **35 × 35**

② **29 × 21**

③ **43 × 47**

④ **96 × 94**

⑤ **14 × 16**

⑥ **87 × 83**

## 3 48×68 をかんたん計算！

例題

$$48 \times 68 = ?$$

● **まず、かけ算の規則性を見つけます。**

インド式計算では、計算式の特徴に目をつけます。「48×68」の計算式もよく見ていると、なにやら式の特徴が見えてきます。

どうですか。見えてきましたか。そうです。この式には特徴が2つあります。

それは、10の位の数をたすと「10」になることと、もう1つは、1の位の数が同じ「8」ということです。

51

考え方

48 × 68

**ステップ1** **10 の位の計算**
10 の位の数をかけて
1 の位の数をたす。

4 8 × 6 8

24 + 8 = 32 ………❶

**ステップ2** **1 の位の計算**
そのままかける。

4 8 × 6 8

64 ………………❷

**ステップ3** 求めた❶と❷の数を並べる。

3264 ………………❸

3264

**解 説**

　かけられる数とかける数には、10 の位の数をたす
と「10」になり、1 の位の数が同じ「8」という特徴が
あります。このような数の計算も、10 の位と 1 の位
を分けて考えます。

### ① 10 の位の計算

　かけられる数とかける数の 10 の位の数はそれぞ
れ「4」と「6」です。ここでは、この 2 数をかけ、
それに、どちらかの 1 の位の数をたします。ここ
では、かける数の 1 の位の数「8」を加えます。「32」
になります。この数が答えの 1000 の位と 100 の
位に入る数になります。

### ② 1 の位の計算

　答えの 10 の位と 1 の位に入る数を求める計算で
す。かけられる数とかける数の 1 の位の数を単純
にかけます。「64」になります。

### ③ 答えを求める

　①と②で求めたそれぞれの位に入る数を単純に並
べるだけです。①で求めた数を左に、②で求めた数
をその右側に置きます。「3264」になります。

## 問題 ❶

次の計算をしよう。

① **63 × 43**

② **82 × 22**

③ **66 × 46**

④ **97 × 17**

⑤ **35 × 75**

⑥ **24 × 84**

## 問題 ❷

次の計算をしよう。

① **62 × 42**

② **15 × 95**

③ **73 × 33**

④ **28 × 88**

⑤ **34 × 74**

⑥ **87 × 27**

## 4  58×56 をかんたん計算！

例 題

# 58 × 56 ＝ ？

● 10 の位の数が同じとき──少しでも計算を
  かんたんにする発想が大事です。

かけられる数もかける数も、10 の位の数が同じ「**5**」
です。これも与えられた 2 つの数のあいだにある特
徴──共通点です。インド式計算では、この特徴を見
逃しません。

くり上がりを気にせず、しかも途中の計算をちょっ
とかんたんにする方法が潜
んでいます。図解にすると、
その理由がよくわかります。

考え方

58 × 56

**ステップ1** ? 0 + 1 の位の数にする。

58 = **50** + 8、56 = **50** + 6

**ステップ2** ? 0 どうしのかけ算をする。

50 × 50 = **2500** ……………… ❶

**ステップ3** かけられる数とかける数
の1の位の数をたし合わ
せて、? 0 の数をかける。

(8 + 6) × 50 = **700** ……………… ❷

**ステップ4** お互いの1の位の数をかける。

8 × 6 = **48** …………………… ❸

**ステップ5** ❶❷❸をたし合わせる。

2500 + 700 + 48 = **3248** …… (答)

(参考)

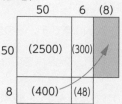

50 × 8 の部分
の面の位置を変
えてみるとわか
りやすい。

3248

解 説

　インド式計算の特徴のひとつに、くり上がりやくり下がりを意識しないで計算できることがあります。

　例題のような計算を日本式の筆算で行うと、常にくり上がりを意識しなければいけません。

　くり上がりがあって、さらにその上にくり上がりがあったりすると、混乱を起こす原因にもなります。

　その点、インド式計算では解消されています。


**❶** 両方の数に含まれる共通の数（ここでは「50」）どうしをかけます。かけると「2500」となります。

**❷** ここがポイントです。かけられる数もかける数もいずれも、1の位を「50」とかけます。したがって、それぞれの1の位の数をたしてから50とかけても同じになります。「700」になります。

**❸** あとは、1の位のかけ算です。そのままかけます。「48」になります。


　最後に、❶❷❸の数をたします。「3248」になります。

## 問題 ①

次の計算をしよう。

① **38 × 31**

② **73 × 72**

③ **45 × 49**

④ **67 × 64**

## 問題 ❷

次の計算をしよう。

① **26 × 23**

② **84 × 85**

③ **62 × 69**

④ **31 × 37**

## 5 157×153をかんたん計算!

例題

# 157 × 153 = ?

● **かけられる数とかける数が似ていることに注目します。**

計算を始める前には必ず、その計算式の特徴を見定めましょう。インド式計算の場合、あらゆる計算に通用する汎用性があるというわけではなく、それぞれの数や数のあいだにある関係に注目した法則に着目します。

もう、上の計算式の特徴にも気づいたはずです。そうです、かけられる数とかける数に共通に「15」という数が含まれています。それに、お互いの1の位の数をたすと、「10」になるのです。

61

考え方

$157 \times 153$

ステップ1 「15 × 16」の計算
（41ページ参照）

```
    1 5
×   1 6
    2 1
    3 0
  2 4 0 ·················❶
```

ステップ2 「7 × 3」の計算

$7 \times 3 = 21$ ·················❷

ステップ3 ❶と❷を並べる。

24021 ·············（答）

24021

解 説

## ① 左に並ぶ数の計算──「15」に注目する

かけられる数とかける数の同じ数「15」に注目します。似たような計算を前にしています。

（かけられる数）×（かける数＋1）の計算を思い出してください。

したがって、ここでは、15 ×（15 + 1）となります。

前は1けたの計算になりましたが、ここでは2けたの計算です。しかし、2けたのインド式かけ算もすでにやっています（参照 41、56 ページ）。15 × 16 は「240」となります。

この数が答えの左に並ぶ数です。

## ② 右に並ぶ数を計算する

かけられる数とかける数の1の位の数を直接かけます。7 × 3 で「21」となります。

この数は、答えの10の位と1の位になります。

## ③ ①と②で求めた数を並べると、答えになる

①で求めた「240」を左に、②で求めた「21」を右に並べると、「24021」。これが答えです。

## 問題 ❶

次の計算をしよう。

① $213 \times 217$

② $146 \times 144$

③ $188 \times 182$

④ $321 \times 329$

## 問題 ❷

次の計算をしよう。

① **148 × 142**

② **114 × 116**

③ **243 × 247**

④ **173 × 177**

## 6 311×389をかんたん計算！

### 例題

# 311 × 389 = ?

● **2けたで使った方法で、3けたのかけ算を解きます。**

いくつ特徴が見つかりますか。上の式の特徴は4つ。まず、かけられる数もかける数も、いずれも **3けた**。そして、100の位の数は同じ「**3**」です。お互いの数の下2けたをたすと、「**100**」。そして、大きな特徴がもうひとつあります。それは、かけられる数に「**11**」が含まれていることです。

2けたの数のかけ算なら「11」はすぐ注目されますが、3けた以上の計算でも分解して計算するときに、2けたのときの計算方法を利用することができます。

「11」に注目した計算方法は76〜80ページで取り上げます。

311 × 389

考え方

**ステップ1** 「3 × 4」の計算

$3 × 4 = 12$ ……………… ❶

**ステップ2** 「11 × 89」の計算
（76 ～ 80 ページ参照）

$89 × 10 = 890$ …10 の位の計算
$89 × \phantom{0}1 = \phantom{0}89$ …1 の位の計算
$\overline{\phantom{89 × 10 = }979}$ ………… ❷

**ステップ3** ❶と❷を並べる。

120979 ……………… (答)

**ステップ1** の計算はそれぞれ 100 の位のかけ算なので、求められる数は 10000 の位の数になっている。つまり、「120000」となる。したがって、❷で求めた数と並べるときは、「979」の前に 0 がひとつ入る。

120979

解説

## 1 100 の位のかけ算

100 の位の数は「3」で、かけられる数もかける数も同じです。このようなときは、（かけられる数）×（かける数＋1）の計算をします。3×4で、「12」となります。両方の100の位の計算なので、この数は、答えの左側、6けた目と5けた目に入ります。答えは 12 ○○○○ となります。○に入る4けたの数は、次の計算で求めます。

## 2 「11」のかけ算 (76 ～ 80 ページ参照)

下2けたの数の計算をします。11×89です。この計算は、前ページの ステップ2 のように行います。89の位をずらしてたすわけです。「979」になります。

## 3 1 と 2 で求めた数を並べる

12 ○○○○ の○の部分に 2 で求めた数が入ります。しかし、○は4けた分ありますが、2 で求めた数は3けたです。そうです。2 で求めた「979」は答えの右端から入ります。2つの数を並べたとき、不足する右から4けた目には「0」が入ります。答えは「120979」となります。

## 問題 ❶

次の計算をしよう。

① **411 × 489**

② **789 × 711**

③ **589 × 511**

④ **811 × 889**

## 問題 ❷

次の計算をしよう。

① **111 × 189**

② **211 × 289**

③ **611 × 689**

④ **989 × 911**

## 7 748×999 をかんたん計算！

例題

# 748 × 999 ＝ ?

● 「999」がかけ算に含まれる場合の計算──
　補数を使います。

　特徴のある数が入っています。「999」という数です。理由はあとで考えるとして、インド式計算では、いともかんたんに答えを導くことができます。

　表だって出てきませんが、陰で999の補数が働いています。

　では、頭をひねりながら、いっしょにやってみましょう。

考え方

748 × 999

> 答えは「6けた」の数になる。
> 上位3けたと下位3けたで考える。
>
> ↓
>
> (答) ○○○　　○○○
>      （上位3けた）（下位3けた）

**ステップ1** **上位3けたの計算**
　　　　⇨小さいほうの数から
　　　　　「1」をひく。

　　748 − 1 = **747** ……………❶

**ステップ2** **下位3けたの計算**
　　　　⇨小さいほうの数の補数
　　　　　が入る。

　　748 の補数
　　「**252**」………………………❷

**ステップ3** **❶と❷の数を並べる。**

　　　　747252 ………………(答)

747252

解説

　ポイントは、「999」の補数です。

　999 は 1000 − 1 と同じですね。つまり、748 ×
999 は 748 ×（1000 − 1）となります。

　ここで、「あっ」と気づいた人もいると思います。

　そうです。式は 748000 − 748 となります。

　下3けたの 748 を 000 からひくには、4けた目
の「8」から「1」くり下げなくてはいけません。つま
り、くり下げ後の上位3けたは「747」に、下位3け
たはくり下げによって 1000 から 748 をひく、つま
り 748 の補数になるわけです。「252」です。

　したがって、答えは「747252」となります。

　インド式計算では、くり下がりを意識しなくても計
算できるというわけです。

　左ページの図解を見ながら、もう一度振り返ってみ
てください。

Point

　基準の数を 1000 とすると、999 の補数は
「1」。また、同様に、748 の補数は「252」となる。

## 問題 ❶

次の計算をしよう。

① **756 × 999**

② **347 × 999**

③ **999 × 812**

④ **999 × 932**

⑤ **999 × 573**

⑥ **864 × 999**

次の計算をしよう。

① **643 × 999**

② **238 × 999**

③ **999 × 432**

④ **999 × 824**

⑤ **999 × 546**

⑥ **391 × 999**

## 8 ○●×11 の計算は、「えっ」と思う間に答えが出る

**例題**

# 35 × 11 = ?

● 「10」と「1」を別々にかけて、たします。

特殊な数を見つける——これも計算をかんたんにするポイントです。

ここでは「11」が特殊な数です。

11 は「10」と「1」を合わせたもの。そして、10 は1 を 10 倍した数です。

ヒントはこれくらい。筆算の形式で書いてみると、ヒントはもっと鮮明になります。

考え方

**35 × 11**

(11 ではないほうの数を 10 の位と
1 の位で分けて考えると…)

**35 × 10 =** 3 5 0 …10 の位の計算
**35 × 1 =** | 3 5 …1 の位の計算

3 8 5 ……………(答)

**10 の位の数**

**10 の位の数と1の位
の数をたした数**

**1 の位の数**

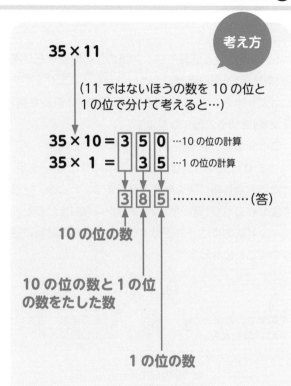

### 解 説

　「11」をかける計算では、和室の床の間脇などにある「違い棚」を思い浮かべるといいかもしれません。ことばでいうと、「(ある数)と(ある数を10倍した数)をたす」ということになります。

　この例では、ある数は「35」です。

　つまり、35×11 は、35＋35×10 となります。**けたの異なる同じ数をたす**となります。どこか、一部で重なりをもつ「違い棚」のイメージになりませんか。

　インド式的には、つぎのように、かんたん計算に結びつくことになります。

| そのまま、答えの100の位に入る。 |
| --- |

| そのまま、答えの1の位に入る。 |
| --- |

| 「3＋5」の結果「8」が10の位に入る。 |
| --- |

**Point**

位が違う表面的に同じ数のたし算は、かんたん計算に結びつく。

## 問題 ❶

次の計算をしよう。

① $53 \times 11$

② $11 \times 92$

③ $11 \times 78$

④ $11 \times 64$

⑤ $45 \times 11$

⑥ $89 \times 11$

## 問題 ❷

次の計算をしよう。

① **11 × 75**

② **61 × 11**

③ **59 × 11**

④ **11 × 83**

⑤ **11 × 40**

⑥ **24 × 11**

## 9 100に近い数どうしのかけ算①
── 100より小さい数の場合

### 例題

$$98 \times 94 = ?$$

● **基準の数と補数を頭に浮かべましょう。**

このクセを覚えたら、もうとりこになってしまうでしょう。例題もいともかんたんに解くことができます。

「どうして!?」と理由を追求する前に、まず計算手順をしっかり覚えてしまいましょう。

けっして複雑ではなく、「**かけて**」「**たして**」「**並べる**」という数ステップで答えが出てしまいます。

81

考え方

$98 \times 94$(100 より小さい数の場合)

### ステップ1　2つの数を縦に並べる。

$$
\begin{array}{ll}
98 & +2 \\
94 & +6 \\
\hline
\end{array}
$$

100 を基準にした
ときの補数

### ステップ2　それぞれの補数をかける。

$$
\begin{array}{ll}
98 & +2 \\
94 & +6 \\
\hline
 & 12
\end{array}
$$

← $(+2) \times (+6)$

### ステップ3　一方の数からもう一方の数の補数をひく。

$$
\begin{array}{ll}
98 & +2 \\
94 & +6 \\
\hline
\boxed{92 \quad 12}
\end{array}
$$

並べて答え
になる。

$94-2$

9212

**解 説**

**ステップ1** 補数を求める

　2つの数を縦に並べて、その右横にそれぞれの補数を少しあいだを空けて並べます。このときの補数は 100 を**基準の数**にしています。

**ステップ2** 補数どうしをかける

　2つの補数をかけます。ここでは、2×6で、「12」となります。

　この数は、答えの 10 の位と 1 の位になります。

**ステップ3** 一方の数から相手の補数をひく

　かける数「94」から相手の補数「2」をひきます。94 − 2で、「92」になります。ここで求めた数「92」を左に、**ステップ2**で求めた数「12」を右に並べると、答えになります。

**Point**

（補数）＝（基準になる数）−（与えられた数）

基準の数は通常、最上位以外の位がすべて 0 の数を用いる。

## 問題 ❶

次の計算をしよう。

① $92 \times 98$

② $93 \times 96$

③ $94 \times 93$

④ $95 \times 92$

## 問題 ❷

次の計算をしよう。

① **94 × 97**

② **95 × 93**

③ **97 × 98**

④ **94 × 96**

## 10 100 に近い数どうしのかけ算②
——100 より大きい数の場合

### 例題

# 101 × 103 = ?

● **基準の数に気をつけて計算します。**

考え方と手順は、前回の**⑨**「100 より小さい数の
場合」とまったく同じです。「同じことを説明するなん
て無駄だ！」という声も聞こえそうですが、そこがイ
ンド式計算です。すべての法則が細切れになっていま
す。したがって、100 より小さいほうで 100 に近い
のか、大きいほうで近いのか、両方を確かめておく必
要があります。

これが両方に通用するなら、
ひとつの方法として覚えてお
けばよいことになります。

考え方

101 × 103（100 より大きい数の場合）

**ステップ1　2つの数を縦に並べる。**

101　－1 ◀ 100 を基準にした
103　－3 ◀ ときの補数

**ステップ2　それぞれの補数をかける。**

101　－1
103　－3
　　　0 3 ◀ （－1）×（－3）
　　　　　　10の位がない
　　　　　　ので0を入れる。

**ステップ3　一方の数からもう一方の
　　　　　　数の補数をひく。**

101　－1
103　－3
104　　03 ◀ 並べて答えになる。

103－(－1)

10403

### 解説

前回の⑨と同じ手順で計算を進めます。

### ステップ1 補数を求める

2つの数を縦に並べ、右側に100を基準の数にした、それぞれの補数を並べます。

ここまではいっしょ。

さて、補数の**符号**を見てください。「－」です。どの数を基準にするかによって符号は変わりますが、ここでは、前回と同じで100を基準の数にしているので、「＋」「－」と違いが出たわけです。

### ステップ2、3 10の位がないとき、0を入れる

あとは前回の⑨と同じ手順を進めます。

ステップ2でのかけ算で、10の位がない場合は、0を入れます。

ステップ3で数を並べるときに間違えないように、0を書いておくといいでしょう。

すんなり「10403」と求めることができました。

前回の⑨と同じ方法で計算することができました。

## 問題 ❶

次の計算をしよう。

① **104 × 101**

② **102 × 108**

③ **109 × 106**

④ **107 × 103**

## 問題 ❷

次の計算をしよう。

① $103 \times 109$

② $105 \times 108$

③ $107 \times 101$

④ $104 \times 106$

## 11 100 に近い数どうしのかけ算③
### ——100 より小さい数と大きい数の場合

例題

# 97 × 104 ＝ ？

### ● 符号の違う2つの補数——補数計算の考え方をしっかり身につけます。

100 に近い数のかけ算を、100 より小さい場合と 100 より大きい場合に分けて見てきました。

さて、それでは、100 より小さい数と大きい数のかけ算ではどうなるでしょうか。

おそらく、これまで見てきた計算方法が通用するだろうということは予想できますが、思いがけない新たな状況が現れることも考えられます。

補数を並べた状況をイメージすると、ちょっと手ごわそうな感じもしてくるかも……。

考え方

$97 \times 104$(100より小さい数と100より大きい数をかける場合)

### ステップ1 2つの数を縦に並べる。

```
 97   + 3 ←── 100を基準にしたとき
104   − 4 ←──     の補数
```

### ステップ2 それぞれの補数をかける。

```
 97   + 3
104   − 4
──────────
     12(−) ←── (+3)×(−4)結果
                がマイナスになる
                ので、後ろに(−)を
                つけておく。
```

### ステップ3 一方の数からもう一方の数の補数をひく。

```
            97 ↗ + 3
104−3      104 ↙ − 4
──────────────────────
         →  101    12(−)
```

補数を使うときは、くり下がりに注意。

12(−)は100を基準にしたときの補数「88」を使う。

```
        100    88 ←── 答え
```

10088

解説

ステップ1 補数の符号が違う

　基準の数 100 をはさんだ 2 つの数なので当たり前なのですが、2 つの補数は**符号**が「＋」「－」で違っています。このことが、 ステップ2 以降の手順を増やしています。

ステップ2 補数のかけ算の結果が"負(マイナス)"

　補数のかけ算の結果が「－12」となり、"負(マイナス)"になっています。マイナスの符号がついたままでは、 ステップ3 で求めた数を並べることができません。

ステップ3 くり下がりで、"負"を解消する

　「－12」を解消するのは、「**補数**」です。つまり、100 を基準にして考えると、12 の補数は「88」。 ステップ3 で求めた左側に入る数「101」の 1 けた目、この「1」は答えの 100 の位に入る予定ですが、この 100 を使って「－12」を解消するわけです。**くり下がり**です。100 から 12 をひいて、答えの右側には「88」が入ります。

## 問題 ❶

次の計算をしよう。

① $91 \times 107$

② $102 \times 95$

③ $98 \times 104$

④ $106 \times 96$

## 問題 ❷

次の計算をしよう。

① $97 \times 102$

② $105 \times 93$

③ $109 \times 92$

④ $94 \times 106$

## 12 インド式たすきがけ計算①
### ──2けたのかけ算

例題

# 83 × 65 = ?

### ●たすきがけ計算の基本──混乱しやすいくり上がりがシンプルになります。

"たすき"って知っていますか。時代劇、とくに仇討シーンなどを見たことのある人はピンときたはずです。「たすき」とは、和服を着て何か仕事をするときに、袖をからげるときに用いるひものことです。使うときは、背中でひもが交差し、"×"と書くようにクロスします。

インド式のたすきがけ計算では計算手順にちょうど、この"×"に似たところが現れます。そこで"たすきがけ計算"と呼称されています。

83×65

考え方

### ステップ1 それぞれの位をかける。

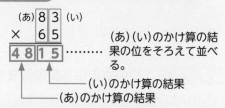

(あ)(い)のかけ算の結果の位をそろえて並べる。

──(い)のかけ算の結果
──(あ)のかけ算の結果

### ステップ2 それぞれ10の位と1の位をかける。

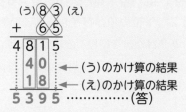

←(う)のかけ算の結果
←(え)のかけ算の結果
5395 ………………(答)

5395

### 解説

97 ページの図解を見ると、たすきがちょうど背中でクロスするときと同じ状態が手順にあるのがわかります。

では、順を追って説明しましょう。

### ステップ1 2つの数の同じ位の数をかける

同じ位の数を上位から計算します。ここでは 10 の位からで、「8×6」「3×5」と進めます。このとき、計算の結果の入る位置に注意してください。8×6 は本当は 80×60 で、4800 となり、8 の右側には 2 つ下位の位が存在します。結果を書くときは、下2けた分を空けて左に書きます。3×5 は 1 の位の計算ですから、1 けた目と 2 けた目に入ります。「4815」と並びます。

### ステップ2 位をずらした計算がたすきがけに

つぎは 10 の位と 1 の位をかけます。「8×5」「3×6」です。このときの組み合わせの状態が"たすきがけ"に似ていますね。やはり、求めた数を書くときの位をそろえることを忘れないでください。

## 問題 ❶

次の計算をしよう。

① **43 × 78**

② **37 × 29**

③ **52 × 63**

④ **81 × 96**

## 問題 ❷

次の計算をしよう。

① **57 × 26**

② **63 × 75**

③ **82 × 49**

④ **38 × 92**

## 13 インド式たすきがけ計算②
### ——3けたのかけ算

> **例題**
>
> # 324 × 452 = ?

### ●けた数が多くなるとどうなる!?——どんなたすきがけになるか考えてみましょう。

2けたのたすきがけ計算では、正しい答えが導かれました。それでは、けた数を増やしたらどうなるでしょうか。

2けたくらいのかけ算なら、くり上がりも少なく、日本式の筆算でもそれほどたいへんではありません。

しかし、けた数が増えると、そういうわけにはいきません。そこでまずは3けたどうしのかけ算をたすきがけ計算で求めてみましょう。

324 × 452

考え方

**ステップ1** それぞれの位をかける。

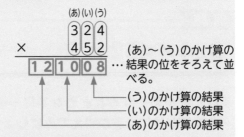

```
        (あ)(い)(う)
         3 2 4
    ×    4 5 2
    1 2  1 0  0 8
```

(あ)〜(う)のかけ算の
… 結果の位をそろえて並
べる。

(う)のかけ算の結果
(い)のかけ算の結果
(あ)のかけ算の結果

**ステップ2** 100の位と10の位、10の位と1の位をかける。

```
      (え)(お)
        3 2 4 (き)
  ×  (か)4 5 2
     1 2 1 0 0 8
       1 5 0 4 ← (え)(お)のかけ算の結果
       0 8 2 0 ← (か)(き)のかけ算の結果
```

**解説** ①

**ステップ1** 同じ位の数のかけ算をする

　2けたのときと同様にお互いの同じ位の数をかけて、求めた数を下に位をそろえて書き並べます。10の位の数の計算結果を書くときは、下に2けた空けました。

　では、100の位の数どうしのかけ算ではいくつ空ければいいでしょうか。100×100で、そうです、4けた空けます。

　数字は左から順に並べていきます。1の位の数のかけ算では1けたの数「8」が出ます。10の位には「0」を入れます。

**ステップ2** 二重のたすきがけをする

　左ページの図解を見てください。たすきがけが二重になっています。かけられる数とかける数のけた数が増えると、たすきがけの手順も増えるということです。図でいうと、（え）と（お）、（か）と（き）の2つの組み合わせで数を並べて、それぞれは位をそろえて縦に並べます。

　よく見ると、まだたすきをかけられそうです。それは、**ステップ3** でします。

考え方
つづき

### ステップ3 100 の位と 1 の位をかける。

```
        (く) (け)
        3 2 4
    ×   4 5 2
    1 2 1 0 0 8
      1 5 0 4
      0 8 2 0
        0 6 ← (く)のかけ算の結果
        1 6 ← (け)のかけ算の結果
    1 4 6 4 4 8 …………(答)
```

146448

解説 ②

### ステップ3 まだある、たすきがけ

　2けたのたすきがけ計算では、 ステップ2 で完了
したたすきがけも、3けたの場合はまだあります。

　隣の位のかけ算だけでなく、あいだに1つ位を
はさんだたすきがけ計算があるのです。

　左ページの図解では、(く)と(け)の2つです。

　これも計算して、下に結果を書き並べます。

　右側にいくつけたを空ければいいか、よく考えて
ください。

　たすきがけ計算で求めた数をたし合わせます。
「146448」となります。

**Point**

① 　かけられる数とかける数のけた数が増える
　　と、たすきがけの回数が増える。

② 　位を飛び越えたたすきがけを見落とさない
　　ようにする。

次の計算をしよう。

① 316 × 419

② 623 × 125

③ 126 × 598

④ 734 × 968

## 問題 ❷

次の計算をしよう。

① 478 × 756

② 377 × 649

③ 527 × 816

④ 176 × 228

## 14 インド式たすきがけ計算③
### ——4けたのかけ算

# 3728 × 1465 = ?

● **たすきがけは大きな数のかけ算もできます。**

2けたと3けたのかけ算で、インド式たすきがけ計算の方法を見てきました。はたして、この方法は4けた以上のかけ算でも使えるのでしょうか。

「使えると思うけどなあ」という声は聞こえそうですが、どうでしょうか。

インド式計算では、計算の汎用性はあまりありません。たすきがけの計算手法も
3けたまでかもしれません。

では、ちょっと3けたの
方法と同じように計算してみ
ましょう。

考え方

3728 × 1465

### ステップ1 それぞれの位をかける。

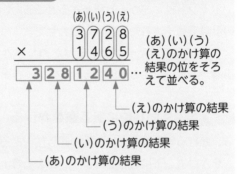

(あ) (い) (う) (え) のかけ算の結果の位をそろえて並べる。

— (え)のかけ算の結果

— (う)のかけ算の結果

— (い)のかけ算の結果

— (あ)のかけ算の結果

### ステップ2 1000 の位と 100 の位、100 の位と 10 の位、10 の位と 1 の位をかける。

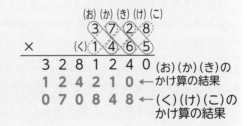

(お) (か) (き) の かけ算の結果

(く) (け) (こ) の かけ算の結果

109

解説 ①

　ここでは、インド式たすきがけ計算のステップを順を追って見ていきましょう。

　ポイントは、左から計算をするところと、それぞれの計算で算出された数のけた合わせです。

　すでに見てきた2けた、3けたのたすきがけ計算手順が、4けたにも通用するかを見ていきます。

ステップ1 **同じ位にある数をかける**

　かけられる数とかける数の同じ位にある数どうしをかけて、下に書き並べます。このとき、位をそろえることが大事です。

　たとえば、1000の位どうしの数をかける場合（計算は3×1ですが）、求められた数の位がどうなるかに気を配ってください。つまり、3×1は、ほんとうは3000×1000の意味です。したがって、この計算で求められる数は「3000000」となり、3の右側には6けたあることに注意してください。

　ほかの位も同様です。ただし、各位とも1けたの計算で行いますから、計算そのもので求められる数は2けたです（□で囲ってある範囲に入る）。

考え方
つづき

### ステップ3 1000の位と10の位、100の位と1の位をかける。

```
       (さ)(し) (す)(せ)
        3 7 2 8
  ×     1 4 6 5
  3 2 8 1 2 4 0
  1 2 4 2 1 0
  0 7 0 8 4 8
    1 8 3 5 ←(さ)(し)のかけ算の結果
    0 2 3 2 ←(す)(せ)のかけ算の結果
```

### ステップ4 1000の位と1の位をかける。

```
       (そ)         (た)
        3 7 2 8
  ×     1 4 6 5
  3 2 8 1 2 4 0
  1 2 4 2 1 0
  0 7 0 8 4 8
    1 8 3 5
    0 2 3 2
      1 5 ←(そ)のかけ算の結果
      0 8 ←(た)のかけ算の結果
  5 4 6 1 5 2 0 …………(答)
```

5461520

解説 ②

## ステップ2 位をずらしてかけ算をする

ステップ2 では、かける数の位を1つずらします。たとえば、かけられる数の1000の位の数はかける数の100の位の数とかけます。同様に、100の位の数は10の位の数、10の位の数は1の位の数とかけます。かける数のほうからみた場合も同じです。したがって、ステップ2 では、6回のかんたんなかけ算を行います。求めた数は ステップ1 で求めた数の下に位をそろえて書きます。

## ステップ3、4 さらに位をずらしてかけ算を行う

ステップ2 の6通りの組み合わせのかけ算が終わったら、さらに位を1つずらしてかけ算を行います。ステップ3 でのかけ算は、4通りです。求めた数は、ステップ2 で求めた数の下に位をそろえて書きます。ステップ4 も同様に2通りのかけ算をします。すべてのたすきがけのかけ算が終わったら、それぞれの位に並んだ数をたします。「5461520」となります。

これで、3けたまでのたすきがけのかけ算は4けたのかけ算でも通用することがわかりました。

## 問題 ❶

次の計算をしよう。

① **4136 × 2318**

② **8412 × 6143**

## 問題 ❷

次の計算をしよう。

① **7642 × 5963**

② **6643 × 3515**

## 15 インド式たすきがけ計算④
—— けたがふぞろいな数(1)

例題

# 514 × 46 = ?

● (3けたの数) × (2けたの数) のたすきがけ
計算——あなたには、0が見えますか!?

これまでは、かけられる数とかける数の、けた数の
そろった数のかけ算で、たすきがけ計算をしてきまし
た。しかし、日常扱う計算はそのようなものだけでは
ありません。けた数の異なる計算のほうが多いでしょ
う。

そこで、ここでは、かけられる
数とかける数で、けた数の異なる
数のかけ算、まず、(3けたの数)
× (2けたの数) で、インド式た
すきがけ計算をしてみることにし
ます。

115

考え方

514 × 46

### ステップ1 それぞれの位をかける。

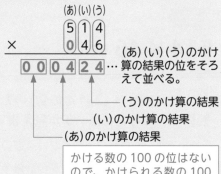

(あ)(い)(う)のかけ算の結果の位をそろえて並べる。

(う)のかけ算の結果

(い)のかけ算の結果

(あ)のかけ算の結果

かける数の 100 の位はないので、かけられる数の 100 の位の「5」には「0」をかける。

### ステップ2 100 の位と 10 の位、10 の位と 1 の位をかける。

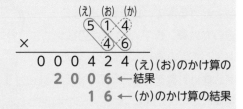

(え)(お)のかけ算の結果

(か)のかけ算の結果

解説 ①

ここでもステップ順に説明していきます。

### ステップ1 それぞれの位の数をかける

かける数の「46」は 100 の位の数がありません。
そこで、100 の位には「0」を入れて、3 けたの数
と考えます。そうすれば、3 けたどうしの数の計算
と同じです。

ここでは、514×046 として計算します。ただし、
0 のかけ算の結果は 0 なので、慣れてきたら、0 の
かけ算の結果は書かなくてもいいでしょう。ただし、
0 は位ぞろえの間違いも防いでくれます。最初はき
ちんと書いたほうがいいでしょう。

左ページの図解では、0 も書いて、求めた数を並
べて書いています。

### ステップ2 位をずらしてたすきがけに

同じ位どうしのかけ算が終わったら、位を 1 つ
ずつずらしてかけ算をします。

求めた数は ステップ1 で求めた数と位をそろえて
並べてください。左ページの図解では、先頭の 0
のかけ算は結果を書いていません。

考え方
つづき

**ステップ3** 100 の位と 1 の位をかける。

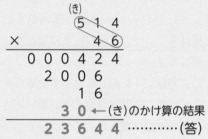

```
        (き)
         5 1 4
    ×      4 6
   0 0 0 4 2 4
     2 0 0 6
         1 6
       3 0 ← (き)のかけ算の結果
   2 3 6 4 4  ……………(答)
```

23644

118

解説 ②

### ステップ3 "かただすき"のかけ算

　けた数の異なる数のかけ算の場合、位をずらしながらたすきがけ計算をしてくると、最後は片側のたすきがけだけで計算がクロスして現れなかったり、計算の数が異なったりするようになります。

　均等にたすきがかかる場合は間違うことは少ないですが、数が異なると見落としやすくなります。

　計算を見落とさないように、たすきの組み合わせをきちんと行って計算してください。


　たすきがけ計算が終わったら、縦に並んだそれぞれの位の数をたします。

　答えは「23644」となります。

　けた数の異なるかけ算でも、けた数の不足を0で補うことでけた数をそろえれば、これまでのたすきがけの方法で答えを求めることができます。

## 問題 ❶

次の計算をしよう。

① **347 × 39**

② **752 × 68**

## 問題 ❷

次の計算をしよう。

① **419 × 84**

② **298 × 16**

## 16 インド式たすきがけ計算⑤
―― けたがふぞろいな数⑵

例題

# 26278 × 365 = ?

● (5けたの数) × (3けたの数)のたすきがけ計算

もう少しけた数を増やして、けた数の異なる数のかけ算でたすきがけ計算をしてみましょう。

インド式に限らず、計算方法を身につけるためには、いろいろなパターンで実際に計算してみることが大切です。

ここでは、(5けたの数) × (3けたの数)で、たすきがけ計算をしてみます。

どんなところに注意すればいいかを考えながら見ていきましょう。

26278 × 365

考え方

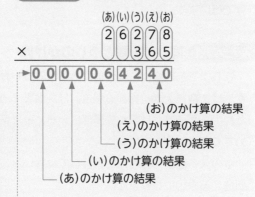

### ステップ1 それぞれの位をかける。

(あ)(い)(う)(え)(お)

|2|6|2|7|8|
×
|3|6|5|

→ 0 0 0 0 0 6 4 2 4 0

(お)のかけ算の結果

(え)のかけ算の結果

(う)のかけ算の結果

(い)のかけ算の結果

(あ)のかけ算の結果

> かける数の 10000 の位と、1000 の位
> はないので、それぞれ「0」があるとイメ
> ージして、かけられる数の 10000
> の位の「2」と 1000 の位の「6」には「0」
> をかける。

(あ)(い)(う)(え)(お)のかけ算
の結果の位をそろえて並べる。

解説 ①

　ここでは、けた数の多い数、なおかつかけられる数とかける数でけた数が異なる数のかけ算をたすきがけ計算で行います。

## ステップ1 同じ位の数どうしのかけ算

　これまでと同様に、同じ位にある数どうしかけます。けた数が大きく異なる場合、けた数をそろえるための0がそれだけ多く先頭部に入ることに気をとめてください。

　0の入る位置をきちんと把握していないと、位を間違える原因になります。

　また、けた数が多いと並べる数も当然多くなります。並べる数の見落としにつながることもあります。確実に数を並べてください。

　ここでは、先頭の0も含むと、「0000064240」となります。

**Point**

0を書くことで、位をそろえるときの間違いを防ぐことができる。

考え方
つづき

**ステップ2** 1000 の位と 100 の位、100 の位と 10 の位、10 の位と 1 の位をかける。

```
         (か)(き)(く)(け)(こ)
           2 6 2 7 8
       ×     3 6 5
    0 0 0 0 0 6 4 2 4 0  (か)(き)(く)の
        1 8 1 2 3 5  ←かけ算の結果
          2 1 4 8  ←(け)(こ)のかけ
                     算の結果
```

**ステップ3** 10000 の位と 100 の位、1000 の位と 10 の位、100 の位と 1 の位をかける。

```
       (さ)(し)(す)     (せ)
         2 6 2 7 8
     ×     3 6 5
  0 0 0 0 0 6 4 2 4 0
      1 8 1 2 3 5
        2 1 4 8  (さ)(し)(す)のか
    6 3 6 1 0  ←け算の結果
        2 4  ←(せ)のかけ算の結果
```

解説 ②

### ステップ2 位をずらしてたすきがけに

考え方と計算の手順は、これまでのたすきがけの計算と同じです。ただし、かけられる数とかける数のけた数が2つ以上異なると、位をずらしたとき、かける相手を間違えやすくなります。

ふつうは筆算などは手書きで行いますが、位がはっきりわかるように書いていないと、間違いのもとになります。

間違いが増えると、かんたんな計算も難しく感じられめんどくさくなります。正しい位に気を配ってください。

### ステップ3 さらに位をずらして計算する

この例では、かけられる数は5けたです。それぞれのステップでの横に並ぶ数も多く、また今後縦に並ぶ数も多くなります。

くり返しになりますが、位には十分気をつけてください。とくにそれぞれの計算は1けたかけ算で答えは最大2けたですが、1けたのときも当然あります。こんなとき、2けた目に「0」を入れておくことを忘れないでください。

考え方
つづき

**ステップ4** **10000 の位と 10 の位、**
**1000 の位と 1 の位をかける。**

```
          (そ)(た)
          2 6 2 7 8
    ×         3 6 5
  0 0 0 0 0 6 4 2 4 0
    1 8 1 2 3 5
        2 1 4 8
    6 3 6 1 0
          2 4
      1 2 3 0 ←(そ)(た)のかけ算の結果
```

**ステップ5** **10000 の位と 1 の位をか**
**ける。**

```
          (ち)
          2 6 2 7 8
    ×         3 6 5
  0 0 0 0 0 6 4 2 4 0
    1 8 1 2 3 5
        2 1 4 8
    6 3 6 1 0
          2 4
      1 2 3 0
        1 0 ←(ち)のかけ算の結果
  9 5 9 1 4 7 0 ………(答)
```

9591470

解 説 ③

### ステップ 4、5 さらに、さらに位をずらして計算。

　次第に遠く離れた位どうしをかけることになります。この例では最後に 10000 の位の数と 1 の位の数をかけます。近くにある数どうしを計算しているときは起きなかった計算ミスが、起きやすくなってきます。

　「どれとどれを計算しているのか」「たすきのかけ忘れはないか」など、十分気をつけてください。

　また、ステップ 5 の数の並びを見てもわかるように、けたの大きい数の計算では、位ぞろえがポイントです。

　計算忘れや位の間違いを防ぐには、これまでの例のように、計算を順番に行うことが大切です。

　かけ算のたすきがけ計算は、いろいろなパターンで利用できることが理解できたと思います。

**Point**

　けた数の多い計算では、個々の計算と、位のミスに気をつけよう。

## 問題 ❶

次の計算をしよう。

① **48731 × 254**

② **81643 × 472**

## 問題 ❷

次の計算をしよう。

① **72425 × 626**

② **52793 × 369**

## 17 1の位が「5」なら2乗もかんたん①
—— 2けたの2乗計算

例題

$$45^2 = ?$$

● **10の位の「4」と1の位の「5」に別々に注目します。**

インド式計算では、暗算で解けます。

当たり前ですが、2乗の計算では、かける数もかけられる数も同じ数です（ここでは「45」）。

インド式計算では、ここに潜む決まりに注目し、2乗する数の10の位の数「4」と1の位の数「5」を別々に計算したあとに合わせると、あら不思議、答えが出ます。

考え方

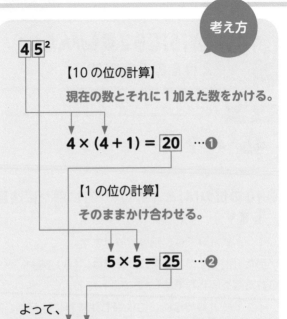

$4|5^2$

【10 の位の計算】

現在の数とそれに 1 加えた数をかける。

$4 \times (4 + 1) = \boxed{20}$ ⋯❶

【1 の位の計算】

そのままかけ合わせる。

$5 \times 5 = \boxed{25}$ ⋯❷

よって、

$45^2 = 2025$ ⋯⋯⋯⋯⋯⋯⋯⋯⋯⋯❸ (答)

**解 説**

## ❶ 答えの上位2けたの数を求める

まずは10の位の数とそれに1を加えた数をかけて、答えの上位2けたにします。

ここでは、4と5(＝4＋1)をかけ、「20」となります。答えは「20○○」となります。○に入る数は、次の計算で求めます。

## ❷ 答えの下位2けたになる数を求める。

2乗する数の1の位の数5を、そのまま2乗します。1けたの数の2乗ですから、計算結果はすぐわかりますね。5×5で「25」です。この数が❶で示した○○に入ります。

## ❸ ❶と❷で求めた数を並べる

これで、$45^2$の答えが出ました。

「2025」となります。

**Point**

2乗する数の10の位と1の位を別々に注目して、1けたのかけ算として計算したあと組み合わせると、答えになる。

## 問題 ❶

次の計算をしよう。

① $35^2$

② $55^2$

③ $65^2$

④ $85^2$

## 問題 ❷

次の計算をしよう。

① $15^2$

② $25^2$

③ $75^2$

④ $95^2$

## 18 1の位が「5」なら2乗もかんたん②
―― 3けたの2乗計算

例題

$$165^2 = ?$$

●**3けたの2乗の計算は補助ルールが必要です。**

1の位が「5」の数の2乗のかんたん計算のルールが、2けたの数にしか使えないなら、あまりにも狭い範囲の適用のような気がします。

実際は、この例に紹介するように、3けたの数にも使えるのですが、そのまますんなりとはいきません。3けたでは、別の**補助ルール**も必要になってきます。

$165^2$

考え方

**考え方** 「16」と「5」に分けて計算する。

**ステップ1** 「16 × 17」を計算する。
（41 ページ参照）

```
    1 6
×   1 7
─────────
    2 3
+ 4 2
─────────
  2 7 2  ⋯⋯⋯⋯⋯⋯❶
```

**ステップ2** 「5」の2乗を計算する。
$5 × 5 = 25$ ⋯⋯⋯⋯⋯❷

**ステップ3** ❶と❷を並べる。
27225 ⋯⋯⋯⋯⋯（答）

27225

### 解 説

　2乗する数を分けて考えるのは、2けたの数のときと同じです。3けたの2乗では上2けたの2数と下1けたというふうに分けます。

　下1けたは「5」ですから、2けたのときと同じということはわかります。

　では、上2けたの2数のほうは……。

### ステップ1 16×17を計算する

　こちらも、考え方は2けたのときと同じです。ただし、かける数が2けたという違いがあります。でも、どこかで見た覚えはありませんか。そうです、41ページで、すでに説明したルールで計算することができます（56ページの方法を使うこともあります）。16×17で「272」（❶）になります。

### ステップ2 1の位を計算する

　5×5で、「25」（❷）となります。

### ステップ3 ❶と❷の数を並べる

　このあとは、2けたの2乗のときと同じです。❶は左、❷は右に並べます。「27225」となります。

次の計算をしよう。

① $435^2$

② $675^2$

③ $325^2$

④ $945^2$

⑤ $715^2$

⑥ $285^2$

## 問題 ❷

次の計算をしよう。

① $565^2$

② $345^2$

③ $975^2$

④ $685^2$

⑤ $735^2$

⑥ $415^2$

# 第3章

# 数の秘密を上手に使う
# インド式わり算

第3章のわり算では、「基準の数」と「補数」という考え方が、色濃く表れています。

　基準の数＝扱いやすい数で計算し、かんたんにするために補った補数分をかんたんに補正するという計算法です。思わず「なるほど」とうなずける計算法ばかりです。

　じっくり読んでみてください。

## 1 「9」でわるわり算①
### ——2 けたのわられる数

**例 題**

# $34 \div 9 = ?$

● **「9」は最も 2 けたに近い 1 けたの整数です。**

　ここまで「9」という数にこだわるか、というぐらいに、インド式計算ではこだわりが見えます。それだけ、インドの人は「9」という数の特殊性に気づいているのでしょう。

　計算法はシンプルです。しかし、その理由を理解すると、さらに「目からウロコ」です。いろいろ理由を考えながら、「9」でわるわり算の方法を確かめてください。

考え方

$34 \div 9$

**ステップ1** 商を求める。

$\boxed{3}\,4 \div 9$

(わられる数の10の位を
みる)

**3** …（商）

**ステップ2** 余りを求める。

$\boxed{3}\,\boxed{4} \div 9$

(わられる数の10の位と1の位
の数をたす)

**7** ……（余り）

34÷9を計算すると、
　　　（答）商　3、余り　7
となる。

解説

「9」でわるわり算では、答えが与えられる数からすぐにわかります。そこがすごいところです。

例題の「34÷9」では、即座に「商は3」と出ます。そして、「余りは7」というのもすぐ答えられます。インド式計算のやり方は、左ページに示しました。では、本来の理由を考えてみましょう。

## 「9」のわり算のインド式計算法の裏側

じつは、この節の最初のページにヒントがあります。"「9」は最も2けたに近い1けたの整数"がそれです。

30÷9を考えてみましょう。

9は最も10に近い数字なので、わられる数が2けたの計算では、10の位の数が、その数に含まれる9の数、つまり「商」なのです。ですから、10の位に3があれば、商は3なのです。そして、「余り」ですが、これも10の位の数がポイントです（1の位はまず意識しない）。9は10より1少ない数ですから、10から9をひとつ取り出すたびに、1残るわけです。たとえば、30÷9では、余りも3になります。あとは1の位です。ここに何か数があれば、それを加えた数が最終的な「余り」となるわけです。

145

## 問題 ①

次の計算をしよう。

① $21 \div 9$

② $62 \div 9$

③ $43 \div 9$

④ $52 \div 9$

⑤ $17 \div 9$

⑥ $70 \div 9$

## 問題 ②

次の計算をしよう。

① $44 \div 9$

② $51 \div 9$

③ $13 \div 9$

④ $60 \div 9$

⑤ $71 \div 9$

⑥ $26 \div 9$

## 2 「9」でわるわり算②
### ――3けたのわられる数

例題

# $214 \div 9 = ?$

● **最後のステップに、「9」でわるわり算の疑問が潜んでいます。**

最初に、ここに書いたような見出しを見ると、ちょっと唖然としてしまいますが、インド式計算法にケチをつけているわけではありません。念のため。

じつは前の例題もそうなのですが、これから紹介する3けたの数を「9」でわる計算も、じつはあることを前提にして成り立っているのです。その前提については、あとでお話しします。

$214 \div 9$

考え方

**ステップ 1  商の 10 の位を求める。**

$\boxed{2}14 \div 9$

（もっとも上位の位をみる）

**2** … 「商」のもっとも上位にくる数。

**ステップ 2  商の 1 の位を求める。**

$\boxed{2}\,\boxed{1}4 \div 9$

（上位 2 けたの数をたす）

**3** …商の 10 の位「2」の右隣にくる数。

**ステップ 3  余りを求める。**

$\boxed{2}\,\boxed{1}\,\boxed{4} \div 9$

（すべての位の数をたす）

**7** … （余り）

> $214 \div 9$ を計算すると、
> （答）商　23、余り　7 となる。

解説

### ステップ1 商の 10 の位の数を求める

わられる数が 3 けたの場合も、商も余りも 2 け
たのとき同様、すでに与えられている数そのものに、
答えが見えています。ただし、1 けたの数である「9」
で 3 けたの数をわるので、商は 2 けたになります。

ステップ1 では、商の 10 の位の数を見つけます。
わられる数の最上位の位にある数は「2」です。

### ステップ2 商の 1 の位の数を求める

商の 1 の位の数は、わられる数の上位 2 けたの
数をたした数です。2 + 1 で、「3」です。

したがって、商は「23」です。

### ステップ3 余りを求める

3 けたの各位の数すべてをたし合わせます。

2 + 1 + 4 で「7」となります。

じつは、最初に触れたあることを前提ということ
ですが、「余り」の求め方にその前提が示されていま
す。**わられる数は、各位の合計が「9」未満の数**だっ
たのです。「9」以上になる場合は、次の回で取り上
げます。

## 問題 ①

次の計算をしよう。

① **314 ÷ 9**

② **512 ÷ 9**

③ **422 ÷ 9**

④ **601 ÷ 9**

⑤ **260 ÷ 9**

⑥ **710 ÷ 9**

## 問題 ❷

次の計算をしよう。

① **431 ÷ 9**

② **600 ÷ 9**

③ **520 ÷ 9**

④ **211 ÷ 9**

⑤ **701 ÷ 9**

⑥ **152 ÷ 9**

## 3 「9」でわるわり算③
### ——余りの処理が必要な計算

例題

# 538 ÷ 9 = ?

● **これまでの方法で、9のわり算の余りが9以上になる場合は、もうひと工夫必要です。**

前の例題で触れた、わられる数の各位の合計が9以上になる場合の計算です。

しかし、何事もすんなり収まることばかりではありません。

余りが9以上になるということは、まだほんとうの余りではないということです。

もうイメージできた人もいるはずですが、最後に、余りをすっきりさせる処理を行います。

153

考え方

$538 \div 9$

**ステップ1** 商の10の位の数を求める。

$\boxed{5}\,38 \div 9$

（もっとも上位の位をみる）

**5** … 「商」のもっとも上位にく
る数。

**ステップ2** 商の1の位を求める。

$\boxed{5}\boxed{3}\,8 \div 9$

（上位2けたの数をたす）

**8** …商の10の位「5」の右隣
にくる数。

**ステップ3** 余りを求める。

$\boxed{5}\boxed{3}\boxed{8} \div 9$

（すべての位の数をたす）

**16** …（えっ、これが余り？）

解説 ①

　計算手順は、前回の②と同じです。左ページの図解を見て、各ステップの商の求め方、余りの求め方を確認してください。

### ステップ1 商の10の位の数を求める

　わられる数「538」の100の位の数「5」が、商の10の位の数になります。

### ステップ2 商の1の位の数を求める

　わられる数「538」の上位2けたの数をたして求めます。5＋3で「8」です。

　ステップ1、2で商が求まりました。「58」になります。

### ステップ3 余りを求める

　さて、問題の余りです。これまでのやり方でいくと、5＋3＋8で求めますが、この計算では「16」となってしまい、わる数の9以上になってしまいます。

　そこで、ステップ4があります。

考え方
つづき

### ステップ4 「余り」の数が「9」以上になる場合の処理。

(商)　(余り)

**58**　　**16**

(わる数の「9」をひく)

| 59 | 7 |

── ほんとうの「余り」

──「1」増える。

538÷9を計算すると、
(答)商　59、余り　7となる。

解説 ②

### ステップ4 正しい余りを求める

　今回の ステップ3 のように、余りがわる数の9以上になってしまった場合は、その正しくない余りから、さらに9をひいてあげます。

　すると、ここでは、余りは16－9で「7」となります。

　これが、正しい余りです。

　さて、正しくない余りから9をひくということは、どういうことかといいますと、これは「商が1増える」ということです。

　ステップ2 までの計算では、商は「58」となっていますが、実際は「59」になります。

　余りが違っていると、商も違う、ということは当たり前のことですね。

　わられる数の各位の数の合計が9以上の場合は、必ず ステップ4 の処理が必要になります。

**Point**

「9」でわるわり算では、余りは9以上にはならない。

## 問題 ❶

次の計算をしよう。

① $254 \div 9$

② $526 \div 9$

③ $343 \div 9$

④ $716 \div 9$

⑤ $437 \div 9$

⑥ $806 \div 9$

次の計算をしよう。

① $362 \div 9$

② $709 \div 9$

③ $517 \div 9$

④ $815 \div 9$

⑤ $276 \div 9$

⑥ $186 \div 9$

## 4 「きり」のよい数で 計算するわり算①

例題

# $1746 \div 29 = ?$

● インド式筆算でするわり算は、補数と基準 の数を使って計算します。

大きな数のわり算、数に規則性のないわり算などは、 そのままくり下がりを気にしながら計算を進めると、 間違いをおかすことがあります。

こんなとき、効果的なのが、わる数に近い基準にな る数でわるという方法です。

基準の数を使うということ は補数も当然からんできます。

インド式かんたんわり算に はこの基準の数と補数を効果 的に使った筆算があります。

考え方

$1746 ÷ 29$

### ステップ1 筆算形式で計算をする。

$$29 \overline{)1746} \quad \square$$

□ ← 「商」になる数を入れる欄

↑ わる数　↑ わられる数

### ステップ2 わる数の補数を求める。

$$\boxed{30} - 29 = \boxed{1}$$

基準になる数　補数

### ステップ3 わられる数を基準の数でわり、「商×補数」をたす。

$$
\begin{array}{r}
29 \overline{)1746} \\
(30-1) \quad \underline{150} \\
246 \\
\underline{5} \\
296
\end{array}
$$

5 …「商」の10の位に「5」がたつ。

…… 「商×補数」（5×1）をたす。（位を間違えないように）

解説 ①

### ステップ1 わられる数とわる数を筆算形式で並べる

前ページの図解のように、わられる数とわる数を筆算形式で並べます。商はわられる数の右側に並べるようにします。ここでは、□を用意して入れられるようにしました。

### ステップ2 基準の数と補数を決める

わる数の基準になる数は、わる数「29」に近い、「きり」のよい数「30」にします。すると、補数は「1」です。

### ステップ3 わる数は基準の数である

これからは、わる数は基準の数「30」になります。30でわるほうが29でわるよりもかんたんですね。ただし、途中で30と29の差をうめるような補正を行っていきます。

わる数と商とのかけ算の結果は、わられる数の下に位をそろえて入れていきます。わられる数からかけ算の結果をひいた残りの数は、さらにその下に置いていきます。そのあいだには線を入れて計算がわかるようにします。

考え方
つづき

**ステップ4** 残った数を基準の数で
わり、「商×補数」をたす。

```
   29) 1746  5 …商(10の位)
(30-1)  150
         246
           5
         296  9 …「商」の1の位
         270      に「9」がたつ。
          26
           9 …「商×補数」
          35    (9×1)をたす。
```

**ステップ5** 残った数を基準の数でわ
り、「商×補数」をたす。

```
   29) 1746  5 …商(10の位)
(30-1)  150
         246
           5
         296  9 …商(1の位)
         270
          26
           9
          35  1 …「商」に「1」
          30      がたつ。
           5
           1 …「商×補数」(1×1)をたす。
           6 …(余り)
```

**解説** ②

最初の計算では、商に「5」がたちます。

5とわる数「30」をかけると「150」。

この数をわられる数の下に書きます。

わられる数からこの数をひいた残りを、さらに下に書きます。位の位置に気をつけてください。

次がポイントです。

30ではなく、29でわるための補正を行います。

ここで、「商×補数」で得た数「5」をたしてあげます。

このとき、「5」の位の位置に気をつけてください。商の「5」は10の位の数です（「50」と考えてもよいでしょう）。

これを加えると、わられる数の残りは「296」です。

### ステップ4 つぎの商を求める

次は、商に「9」がたちます。この商は1の位です。計算は、やはり補正を行います。

「商×補数」は、9×1で「9」。わられる数の残りに9をたします。

### ステップ5 つぎの計算をする

ステップ4では、わられる数の残りは「35」です。

考え方
つづき

**ステップ6** 商の数を並べる。

（商）は、5 × 10 + (9 + 1) = 60

（余り）は、6

---

1746 ÷ 29 を計算すると、
（答）商　60、余り　6 となる。

---

解説 ③

　さらに基準の数「30」でわることができます。商に「1」がたち、余りは「5」。これで終わってはだめです。数の補正を行ってから、さらにわれるかどうかを調べます。

　「商×補数」は1×1で、補正は「1」。これを5にたしても6。もう30でわることはできません。「6」は余りです。

### ステップ6 商と余りをまとめる

　さて、商はどうなるか。「5」「9」「1」と求められてきました。「5」は前にも説明しましたが、商の10の位にたつ数です。「9」「1」は1の位にたっています。したがって、

　　　$50 + 9 + 1 = 60$

となり、商は「60」です。

Point
　基準の数でわるということは、わられる数から補数分多くひくことになる。そこで、途中で数の補正が必要になる。

## 問題

次の計算をしよう。

① **1857÷28**

② **2143÷37**

③ **3875÷49**

④ **3389÷38**

## 5 「きり」のよい数で 計算するわり算②

例 題

# $5843 \div 32 = ?$

●**基準の数がわる数より小さい場合、**
　**－（マイナス）符号のついた補数になります。**

　ひとつの法則もひとつの事柄で理解していると、い
ろいろな状況になかなか適応できないことがあります。

　逆に、すべてのケースを経験するということも難し
いことです。

　しかし、考えられるいくつかの例題に触れることは
大事です。

　ここでは、基準の数をわる
数より小さく設定した場合の
「きり」のよい数でのわり算を
見ていくことにします。

　当然、補数も出てきます。

$5843 \div 32$

考え方

### ステップ1 筆算形式で計算をする。

$$3\,2\,\overline{)5\,8\,4\,3}\ \square \leftarrow 「商」になる数を入れる欄$$

わる数　　わられる数

### ステップ2 わる数の補数を求める。

$$\boxed{30} - 32 = \boxed{-2}$$

基準になる数　　補数

### ステップ3 わられる数を基準の数でわり、「商×補数」をたす。

$$
\begin{array}{r}
32\,)\,5843 \\
(30-(-2))\quad 30 \\
\hline
28 \\
-2 \\
\hline
264
\end{array}
$$

$\boxed{1}$…「商」の100の位に「1」がたつ。

「商×補数」
$(1 \times (-2))$ をたす。(位の位置を間違えないように)

……次の位の「4」を下げる。

169

**解 説** ①

**ステップ1 筆算形式を確認する**

　前の例題と同じ筆算形式で、計算を進めていきます。

**ステップ2 基準の数と補数を確認する**

　わり算をかんたんにするために「きり」のいい数を使います。この数を「基準の数」といいます。

　そして、この基準の数とわる数との差を「補数」といっているわけです。

　よく見かける基準の数は、もとの数より大きい数を設定します。しかし、あまり差があると、計算がそれだけ難しくなることがあります。

　「きり」のよい数はできるだけ、もとの数(今回はわる数)に近い数を設定したほうがよいことになります。

　そこで、今回はわる数より小さい「30」を基準の数にします。すると、補数の符号も変わってきます。－(マイナス)がついています。

　どのように扱うかについては、 **ステップ3** 以降で説明します。

考え方
つづき

### ステップ4 残った数を基準の数でわり、「商×補数」をたす。

```
  3 2 ) 5 8 4 3  1 …商(100の位)
(30-(-2))  3 0
           2 8
           -2
           2 6 4    8 …「商」の10の位
           2 4 0        に「8」がたつ。
             2 4
           -1 6 …「商×補数」(8×(-2))をたす。
             8 3 …つぎの位の「3」を下げる。
```

### ステップ5 残った数を基準の数でわり、「商×補数」をたす。

```
  3 2 ) 5 8 4 3  1 …商(100の位)
(30-(-2))  3 0
           2 8
           -2
           2 6 4    8 …商(10の位)
           2 4 0
             2 4
           -1 6
             8 3    2 …「商」の1の位
             6 0        に「2」がたつ。
             2 3
             -4 …「商×補数」(2×(-2))をたす。
             1 9 …(余り)
```

171

解説 ②

ステップ3 基準の数「30」でわる

　わられる数を「30」でわります。わられる数の上位2けたは58、商に「1」がたちます。58から30をひいて「28」。ここまでは、前の例題と同じ処理です。前は、ここで「商×補数」分をたして、補数分多くわっていた数を補っていました。しかし、今回は実際にわり算に使っている基準の数はもともとのわる数より小さい数です。したがって、わられる数には補数分よけいに残っているということです。そこで、今回のような場合の補正は、補数分をひきます。1(商)×(－2)(補数)で、－2をたす、すなわち、わられる数の残りから2をひきます。

　ところで、商の「1」の位は何ですか。わられる数のどの位にたった計算かを把握しておく必要があります。100の位ですね。

ステップ4 さらに筆算を進める

　商に「8」がたち、補正する数は8×(－2)で、「－16」となり、わられる数の残りの数から16をひきます。ここでも、商「8」の位はしっかり確認しておいてください。

考え方
つづき

**ステップ6** **商の数を並べる。**

(商)は、1 × 100 + 8 × 10 + 2 = 182

(余り)は、19

> 5843 ÷ 32 を計算すると、
>
> (答)商　182、余り　19 となる。

解説 ③

ステップ5 さらに、さらに筆算を進める

　商に「2」がたちます。したがって、補正する数は、2×（－2)で「－4」になります。わられる数の残りの数から4をひきます。「19」です。19はもう30でわることはできません。したがって、余りは「19」になります。

ステップ6 商と余りをまとめる

　余りは、ステップ5 ですでにわかっています。

　ここでは、商について説明します。これまでの説明の中で何度か、位の確認のことに触れてきました。というのも、位を間違えると正しい答えにならないからです。

　最初の「1」は100の位にたちました。次の「8」は10の位です。そして、最後の「2」が1の位です。したがって、商は「182」となります。

174

## 問題 ❶

次の計算をするとき、途中でわられる数が補正されると、マイナスになることがあります。その場合は、たてた商を1減らして計算を進めてください。

① **6428 ÷ 33**

② **3743 ÷ 42**

## 問題 ❷

　次の計算をするとき、途中でわられる数が補正されると、マイナスになることがあります。その場合は、たてた商を 1 減らして計算を進めてください。

① **6134 ÷ 32**

② **7898 ÷ 51**

# 解答・解説

## 第1章 インド式計算の基礎

### 1 「きり」のよい数 ——補数を使う計算に慣れる (p.16、17)

解答❶ ① 基準の数 40、補数 1 ② 基準の数 80、補数 4 ③ 基準の数 30、補数 2 ④ 基準の数 70、補数 3 ⑤ 基準の数 20、補数 3 ⑥ 基準の数 60、補数 2 ⑦ 基準の数 50、補数 1 ⑧ 基準の数 90、補数 3 ⑨ 基準の数 50、補数 －1 ⑩ 基準の数 60、補数 －2

解答❷ ① 基準の数 20、補数 2 ② 基準の数 60、補数 1 ③ 基準の数 40、補数 3 ④ 基準の数 70、補数 1 ⑤ 基準の数 70、補数 －1 ⑥ 基準の数 50、補数 2 ⑦ 基準の数 20、補数 －1 ⑧ 基準の数 80、補数 －3 ⑨ 基準の数 60、補数 －1 ⑩ 基準の数 50、補数 4

【解説】 インド式計算法で用いる「補数」は、計算上必要な基準の数に対してのものです。

### 2 インド式たし算① ——2けたのたし算 (p.21、22)

解答❶ ① 123 ② 122 ③ 104 ④ 138

⑤ **117** ⑥ **127**

解答② ① **92** ② **120** ③ **184** ④ **63**

⑤ **124** ⑥ **105**

【解説】 くり上がりを意識しないで計算できる強みがイン
ド式たし算の特徴です。左側の位から計算をすすめると
ころがポイントです。

---

**3** インド式たし算②
——けた数の多いたし算　　(p.26、27)

解答① ① **664** ② **1279** ③ **1120**

④ **918** ⑤ **1455** ⑥ **1050**

解答② ① **611** ② **1621** ③ **974**

④ **1315** ⑤ **1414** ⑥ **1261**

【解説】 手順を書いていくと手間がかかりそうに思えます
が、インド式たし算の筆算では、それぞれの位のたし算
をくり返し行うだけです。くり上がりは「2けたの数字」を
異なる段で重ねて記述するだけで、いくつくり上がりが
あるかを記憶している必要がないところがシンプルです。

---

**4** インド式ひき算①
——1000 からひくひき算　　(p.31、32)

解答① ① **565** ② **711** ③ **269** ④ **836**

⑤ **377** ⑥ **492**

解答② ① **241** ② **852** ③ **529** ④ **463**

⑤ **791** ⑥ **343**

【解説】 「1000」からのひき算です。1000 の位は意識せ
ず、100 と 10 の位はひく数と「たして 9」になる数を、
1 の位は「たして 10」になる数を探します。見つかった
ら、上位の位から順番に並べて答えです。

| 5 | インド式ひき算② ――??000 からひくひき算 (p.36、37、38) |
|---|---|

解答❶　① 3662　② 5519　③ 2707
　　　　④ 1208　⑤ 8453　⑥ 6316

解答❷　① 4168　② 7532　③ 6805
　　　　④ 8246　⑤ 3631　⑥ 2772

解答❸　① 1477　② 4853　③ 7635
　　　　④ 6712　⑤ 5527　⑥ 8348

【解説】 1000 の位の数が「1 ではない」数の場合です。
1000 の位の数は 1 つ下げ、それ以外は「1000」からの
ひき算だと思って計算すれば、答えになります。

## 第2章 メソッド豊富なインド式かけ算

| 1 | 11 から 19 段までのかけ算の驚き (p.44、45) |
|---|---|

解答❶　① 209　② 180　③ 221　④ 288
　　　　⑤ 195　⑥ 342

解答❷　① 270　② 208　③ 132　④ 304

⑤ 255   ⑥ 154

【解説】 一方の数に他方の数の1の位の数をたしたもの
に、1の位どうしをかけた数をけた位置をずらして重ね
てたします。

---

**2** | **67×63 をかんたん計算！** | **(p.49、50)**

解答❶ ① 2024   ② 5621   ③ 1224
④ 616   ⑤ 7209   ⑥ 9016
解答❷ ① 1225   ② 609   ③ 2021
④ 9024   ⑤ 224   ⑥ 7221

【解説】 10の位の計算と1の位の計算を、別々に求めて
並べるだけです。それぞれの位の計算は本文を参照して
ください。

---

**3** | **48×68 をかんたん計算！** | **(p.54、55)**

解答❶ ① 2709   ② 1804   ③ 3036
④ 1649   ⑤ 2625   ⑥ 2016
解答❷ ① 2604   ② 1425   ③ 2409
④ 2464   ⑤ 2516   ⑥ 2349

【解説】 数の関係や特徴をしっかりつかんでください。計
算はそれからです。

**4** 58×56 をかんたん計算！ （p.59、60）

解答❶ ① 1178 ② 5256 ③ 2205
④ 4288

解答❷ ① 598 ② 7140 ③ 4278
④ 1147

【解説】 長方形の面積を求める式と同様に考えます。10
の位と 1 の位で数を分けてイメージすると、計算もか
んたんです。

**5** 157×153 をかんたん計算！ （p.64、65）

解答❶ ① 46221 ② 21024 ③ 34216
④ 105609

解答❷ ① 21016 ② 13224 ③ 60021
④ 30621

【解説】 同じ部分を 2 けた取り出して分けて計算します
が、そのとき、10 の位になる数が 1 以外の場合は、本
文の例とは異なる方法で計算します。「10 の位が同じ
2 けたのかけ算」を思い出してください（56 ページ参照）。

**6** 311×389 をかんたん計算！ （p.69、70）

解答❶ ① 200979 ② 560979 ③ 300979

④ 720979

**解答②** ① 20979 ② 60979 ③ 420979
④ 900979

【解説】 数にふくまれる「11」は注目です。このあと76
ページに出てくる計算法を使うと、もっとかんたんに計
算できます。

---

**7** 748×999 をかんたん計算！（p.74、75）

**解答①** ① 755244 ② 346653 ③ 811188
④ 931068 ⑤ 572427 ⑥ 863136
**解答②** ① 642357 ② 237762 ③ 431568
④ 823176 ⑤ 545454 ⑥ 390609

【解説】 「999」を見つけたら、小さいほうの数に注目し
ましょう。慣れると、数を見ただけで答えがわかるよう
になります。

---

**8** ○●×11 の計算は、「えっ」と思う間に
答えが出る （p.79、80）

**解答①** ① 583 ② 1012 ③ 858
④ 704 ⑤ 495 ⑥ 979
**解答②** ① 825 ② 671 ③ 649
④ 913 ⑤ 440 ⑥ 264

【解説】 11ではないほうの数に注目すると、10の位と
1の位の数で、両方をたした数をサンドイッチした状態

になります。

## 9 100に近い数どうしのかけ算①
——100より小さい数の場合 (p.84、85)

解答① ① 9016 ② 8928 ③ 8742
④ 8740

解答② ① 9118 ② 8835 ③ 9506
④ 9024

【解説】 補数を表立って使う計算法です。

## 10 100に近い数どうしのかけ算②
——100より大きい数の場合 (p.89、90)

解答① ① 10504 ② 11016 ③ 11554
④ 11021

解答② ① 11227 ② 11340 ③ 10807
④ 11024

【解説】 基準の数との差ですから、補数には「＋」「－」の
符号がつきます。100より大きい数の場合なので、補
数には前の例題と異なる符号がつきます。

## 11 100に近い数どうしのかけ算③
——100より小さい数と大きい数の場合
(p.94、95)

解答① ① 9737 ② 9690 ③ 10192
④ 10176

解答❷　①　9894　　②　9765　　③　10028
　　　　④　9964

【解説】　補数のかけ算が負の数になるので、それを解消す
　　るために、やはり補数を使います。基準の数は1けた
　　上のきりのいい数なので、くり下がりに注意が必要です。

## 12 インド式たすきがけ計算①
　　　──2けたのかけ算　　　　(p.99、100)

解答❶　①　3354　　②　1073　　③　3276
　　　　④　7776
解答❷　①　1482　　②　4725　　③　4018
　　　　④　3496

【解説】　この計算法もくり上がりを意識することが少なく、
　　混乱の起きにくい計算法です。

## 13 インド式たすきがけ計算②
　　　──3けたのかけ算　　　　(p.106、107)

解答❶　①　132404　　②　77875　　③　75348
　　　　④　710512
解答❷　①　361368　　②　244673　　③　430032
　　　　④　40128

【解説】　けた数が増えると、各位の結果を書き並べるとき
　　に、位を間違えやすくなります。注意が必要です。

解答・解説

## 14 インド式たすきがけ計算③
### ——4けたのかけ算　(p.113、114)

| 解答❶ | ① 9587248 | ② 51674916 |
| 解答❷ | ① 45569246 | ② 23350145 |

【解説】　けた数がさらに増えたたすきがけ計算です。たすきをかける相手が遠くなると、見落としが生じやすくなります。順番に追いかけることが大切です。

## 15 インド式たすきがけ計算④
### ——けたがふぞろいな数(1) (p.120、121)

| 解答❶ | ① 13533 | ② 51136 |
| 解答❷ | ① 35196 | ② 4768 |

【解説】　たすきがけ計算の実践編ですね。いつもけた数のそろったかけ算ばかりではありません。異なっているケースでも0で補えばこれまで通りの計算です。

## 16 インド式たすきがけ計算⑤
### ——けたがふぞろいな数(2) (p.129、130)

| 解答❶ | ① 12377674 | ② 38535496 |
| 解答❷ | ① 45338050 | ② 19480617 |

【解説】　けた数が多く、さらにけた数に差のあるかけ算です。遠い数字のたすきがけに注意です。けた数のカウントとともに、見落としに気をつけてください。

## 17 1の位が「5」なら2乗もかんたん①
──2けたの2乗計算 (p.134、135)

**解答①** ① 1225 ② 3025 ③ 4225
④ 7225

**解答②** ① 225 ② 625 ③ 5625
④ 9025

【解説】 2乗計算の特殊な場合(1の位が「5」です。)この方法だけでも覚えておくとけっこう便利です。

## 18 1の位が「5」なら2乗もかんたん②
──3けたの2乗計算 (p.139、140)

**解答①** ① 189225 ② 455625 ③ 105625
④ 893025 ⑤ 511225 ⑥ 81225

**解答②** ① 319225 ② 119025 ③ 950625
④ 469225 ⑤ 540225 ⑥ 172225

【解説】 上2けたの2数と下1けたを分けて計算しますが、上2けたの2数の計算はまた、別の計算法が絡んでくることに注意です。

## 第3章 数の秘密を上手に使うインド式わり算

### 1 「9」でわるわり算①
── 2けたのわられる数　(p.146、147)

**解答①**
| | | | | |
|---|---|---|---|---|
| ① | (商)2、(余り)3 | ② | (商)6、(余り)8 |
| ③ | (商)4、(余り)7 | ④ | (商)5、(余り)7 |
| ⑤ | (商)1、(余り)8 | ⑥ | (商)7、(余り)7 |

**解答②**
| | | | | |
|---|---|---|---|---|
| ① | (商)4、(余り)8 | ② | (商)5、(余り)6 |
| ③ | (商)1、(余り)4 | ④ | (商)6、(余り)6 |
| ⑤ | (商)7、(余り)8 | ⑥ | (商)2、(余り)8 |

【解説】 「9」という"1けた最大の整数"の特徴をしっかり理解して取り組むと、インド式計算法もかんたんに理解できます。

### 2 「9」でわるわり算②
── 3けたのわられる数　(p.151、152)

**解答①**
| | | | | |
|---|---|---|---|---|
| ① | (商)34、(余り)8 | ② | (商)56、(余り)8 |
| ③ | (商)46、(余り)8 | ④ | (商)66、(余り)7 |
| ⑤ | (商)28、(余り)8 | ⑥ | (商)78、(余り)8 |

**解答②**
| | | | | |
|---|---|---|---|---|
| ① | (商)47、(余り)8 | ② | (商)66、(余り)6 |
| ③ | (商)57、(余り)7 | ④ | (商)23、(余り)4 |
| ⑤ | (商)77、(余り)8 | ⑥ | (商)16、(余り)8 |

【解説】 3けたになっても、2けたのときと考え方はまったく同じです。

## 3 「9」でわるわり算③
――余りの処理が必要な計算 (p.158、159)

**解答❶**
| | | | | |
|---|---|---|---|---|
| ① | (商)28、(余り)2 | ② | (商)58、(余り)4 |
| ③ | (商)38、(余り)1 | ④ | (商)79、(余り)5 |
| ⑤ | (商)48、(余り)5 | ⑥ | (商)89、(余り)5 |

**解答❷**
| | | | | |
|---|---|---|---|---|
| ① | (商)40、(余り)2 | ② | (商)78、(余り)7 |
| ③ | (商)57、(余り)4 | ④ | (商)90、(余り)5 |
| ⑤ | (商)30、(余り)6 | ⑥ | (商)20、(余り)6 |

【解説】 9でわるわり算ですから、余りが9以上ということは絶対にないわけです。もし、9以上の余りが出たら、必ず取り出せる9の個数分の商を増やして、正しい余りにします。

## 4 「きり」のよい数で計算するわり算①
(p.167)

**解答**
| | | | | |
|---|---|---|---|---|
| ① | (商)66、(余り)9 | ② | (商)57、(余り)34 |
| ③ | (商)79、(余り)4 | ④ | (商)89、(余り)7 |

【解説】 きりのよい数を使って、わり算をかんたんにする方法です。きりのよい数を使うので、途中で補数分を補正する必要があるところがポイントです。図参照。

① 　　　28 ）1857 6 …商(10の位)
(30 − 2) 　180
　　　　　　5
　　　　　 12 ………補正
　　　　　177 5 …商(1の位)
　　　　　150
　　　　　 27
　　　　　 10 ………補正
　　　　　 37 1 …商(1の位)
　　　　　 30
　　　　　　7
　　　　　　2 ………補正
　　　　　　9 ………(余り)

② 　　　37 ）2143 5 …商(10の位)
(40 − 3) 　200
　　　　　 14
　　　　　 15 ………補正
　　　　　293 7 …商(1の位)
　　　　　280
　　　　　 13
　　　　　 21 ………補正
　　　　　 34 ………(余り)

## 5 「きり」のよい数で計算するわり算② (p.175、176)

**解答①**　①　（商）194、（余り）26　②　（商）89、（余り）5

**解答②**　①　（商）191、（余り）22　②　（商）154、（余り）44

【解説】　補数の符号が逆になるので、補正の際に○をつけましょう。下記参照。

①
```
        3 3 )6 4 2 8 [1]  …計算上は「2」がたつが、実際
 (30-(-3))  3 0                には 33 でわっているので、
            3 4                「1」にする。
           ⊖3 ………… 補正
            3 1 2 [9]
            2 7 0
              4 2
           ⊖2 7 ……… 補正
            1 5 8 [4]
            1 2 0
              3 8
           ⊖1 2 ……… 補正
              2 6 ……… （余り）
```

②
```
        4 2 )3 7 4 3 [8]  …計算上は「9」がたつが、実際
 (40-(-2))  3 2 0              には 42 でわっているので、
              5 4              「8」にする。
           ⊖1 6 ……… 補正
            3 8 3 [9]
            3 6 0
              2 3
           ⊖1 8 ……… 補正
              5 ……… （余り）
```

## ●著者紹介

**佐藤弘文**（さとう　ひろふみ）
大学卒業後に教材・参考書（おもに算数・数学）の編集から本づくりの道に入る。途中、出版界を一時離れ、コンピューターのシステム開発にたずさわる。その後十数年間は、多くのコンピューター書を手がける。1996年独立。現在は、これまで積み重ねてきた本づくり歴を生かし、算数・数学、情報、物理、法律、歴史・地理など、多くの分野の出版に執筆・編集でかかわっている。教育情報化コーディネータ準2級（JAPET）。

### いちばんやさしい
## インド数学暗算入門

2024年2月10日　第1刷発行

| | | |
|---|---|---|
| 著　者 | ———————————— | 佐藤弘文 |
| 発行者 | ———————————— | 永岡純一 |
| 発行所 | ———————————— | 株式会社永岡書店 |

〒176-8518　東京都練馬区豊玉上1-7-14
代表 03-3992-5155　編集 03-3992-7191

| | | |
|---|---|---|
| 印刷所 | ———————————— | 精文堂印刷 |
| 製本所 | ———————— | コモンズデザイン・ネットワーク |

ISBN978-4-522-45426-8　C0141